BEI GRIN MACHT SICH IHR WISSEN BEZAHLT

- Wir veröffentlichen Ihre Hausarbeit,
  Bachelor- und Masterarbeit

- Ihr eigenes eBook und Buch -
  weltweit in allen wichtigen Shops

- Verdienen Sie an jedem Verkauf

Jetzt bei www.GRIN.com hochladen und kostenlos publizieren

Bibliografische Information der Deutschen Nationalbibliothek:

Die Deutsche Bibliothek verzeichnet diese Publikation in der Deutschen National-
bibliografie; detaillierte bibliografische Daten sind im Internet über http://dnb.d-
nb.de/ abrufbar.

Impressum:

Copyright © 2016 GRIN Verlag, Open Publishing GmbH
Druck und Bindung: Books on Demand GmbH, Norderstedt Germany
ISBN: 9783668461468

Dieses Buch bei GRIN:

http://www.grin.com/de/e-book/367745/raumbeobachtungen-zur-entwicklung-der-
stadt-jena

Charlott Zitschke, Jan-Erik Puschmann

Raumbeobachtungen zur Entwicklung der Stadt Jena

Eine Exkursion

GRIN Verlag

GRIN - Your knowledge has value

Der GRIN Verlag publiziert seit 1998 wissenschaftliche Arbeiten von Studenten, Hochschullehrern und anderen Akademikern als eBook und gedrucktes Buch. Die Verlagswebsite www.grin.com ist die ideale Plattform zur Veröffentlichung von Hausarbeiten, Abschlussarbeiten, wissenschaftlichen Aufsätzen, Dissertationen und Fachbüchern.

Besuchen Sie uns im Internet:

http://www.grin.com/

http://www.facebook.com/grincom

http://www.twitter.com/grin_com

Friedrich-Schiller Universität Jena

Institut für Geographie

Sommersemester 2016

Modul: GEO 225 Humangeographie I

Raumbeobachtungen zur Entwicklung der Stadt Jena

Exkursion

Thema 7: Spuren der Industrialisierung in Jena

Unsere Exkursionsroute:

- Startpunkt: Bus- und Straßenbahnhaltestelle gegenüber dem Institut für Geographie (Löbdergraben 32)
- anschließende Besichtigung des alten Marktes über die Ludwig-Werner-Gasse
- danach über den Kirchplatz, entlang der Rathausgasse weiter zum Eichplatz
- vorbei am Jentower, der Kollegiengasse folgend, zum Leutragraben
- Überquerung des Leutragrabens hin zum Ernst-Abbe-Platz und zum Denkmal
- Durchquerung der Goethepassage, hin zum Teichgraben
- Teichgraben folgend weiter zum Holzmarkt und zur Holzmarktpassage
- Besuch der Neugasse 7
- Rückkehr zum Löbdergraben 32

vorgelegt von:

Charlott Zitschke

Studiengang: Geographie/Sozialkunde (LA)

Semester: 4/4

Jan-Erik Puschmann

Studiengang: Geographie/Sozialkunde (LA)

Semester: 4/4

Abgabedatum: 25.07.2016

In Jena lebten um 1850, mit 6500 Einwohnern, lediglich ein Bruchteil der heutigen Bevölkerung (HELLMANN 2012). Es ist die Zeit vor der Industrialisierung. Das Stadtbild von Jena ist geprägt durch eine starke Konzentration der Siedlung rund um den Markt. Verkehrswege und Plätze verlaufen nahezu parallel und quadratisch zu ihm. Es existieren dicht nebeneinander gedrängte „Wohnblockkolonien". Auffällig ist zudem, dass nur die westliche Saaleseite, die der heutigen Altstadt, besiedelt ist. Während die gegenüber liegende Seite naturbelassen ist. Auch war die Distanz zum Fluss wesentlich größer als sie es heute ist. Weiterhin verfügte Jena nur über eine Brücke im Norden der Stadt, hingegen über eine Vielzahl von Grünflächen am Stadtrand. Generell war die horizontale, als auch vertikale Ausdehnung der Stadt weniger stark ausgeprägt im Vergleich zu heute (siehe Abb.1).

Abb. 1: Plan der Stadt Jena aus dem Jahr 1858 (Quelle: SCHILLING 1995:99)

Mit der voranschreitenden Industrialisierung und Mobilisierung hat sich die Siedlungs-struktur der Jenaer Innenstadt gewandelt. Vergleicht man die Stadtpläne von 1858 und 1967 miteinander, fallen zuerst die Eisenbahnlinie, die Bahnhöfe Jena-West und Jena-Paradies auf, die nachträglich zum Stadtbild hinzukamen. Auch die Bebauung hat zugenommen, sowie die zur Versorgung und Mobilisierung nötige weitere Infrastruktur, wie z.b. die Schaffung einer Straßenbahnlinie. So wichen Grünflächen, im Zuge der immer größer werdenden Betriebe und des fortwährenden Zuzugs von Bevölkerungsgruppen, Straßen, Gassen und Wohnkomplexen, aber auch öffentlichen Parkplätzen, Geschäften und gastronomischen Lokalitäten (siehe Abb. 2).

Abb. 2: Plan der Jenaer Innenstadt aus dem Jahr 1967 (Quelle: VEB LANDKARTENVERLAG BERLIN 1967)

Zudem breitete sich das Stadtgebiet im Verlauf dieses Wachstums durch Eingemeindungen, wie Wenigenjena und Camsdorf, ab 1891 immer weiter aus (HELLMANN 2012).

Ein Beispiel für den politischen, gesellschaftlichen und vor allem wirtschaftlichen Aufschwung Jenas seit der Industrialisierung, stellt die Entwicklung des Unternehmens von Carl Zeiss dar. Im Jahr 1846 richtete dieser ein „Mechanisches Atelier" in der Neugasse 7 ein, wo feinmechanische optische Geräte hergestellt wurden (HELLMANN 2012).

Abb. 3: Neugasse 7 in Jena   Abb. 4: Erinnerungsschild Zeiss' erster Werkstatt

(Quelle: Eigene Aufnahme vom 15.07.2016)   (Quelle: Eigene Aufnahme vom 15.07.2016)

Heute befindet sich an dieser Stelle ein Geschäft (siehe Abb. 3 und 4). Charakteristisch für die Jenaer Innenstadt ist, dass sich die Beschäftigungs- und Produktionsart im Stadtzentrum infolge von Modernisierung, Internationalisierung, Dezentralisierung und staatlicher Eingriffe erheblich gewandelt hat. So hat sich auch dort die Produktion von Gütern hin zur Produktion von Wissen bzw. Informationen verschoben (GAEBE 2004: 184-185). Während unserer Exkursion sind uns im Zentrum ausschließlich Geschäfte, Einkaufspassagen, Dienstleistungs- und Handelsunternehmen aufgefallen (siehe Abb.5), aber kaum produzierendes Gewerbe, was diese These stützt.

Abb. 5: Die Einkaufspassage „Neue Mitte Jena" (Quelle: Eigene Aufnahme vom 16.07.2016)

Diese Geschäfte sind zumeist internationale Ketten und „Flagship-Stores", die die zweite Phase des räumlichen Verdrängungs- und Filialisierungsprozesses in den größeren Innenstädten bestimmen (FASSMANN 2004:178f). Produzierende, industrielle Betriebe, wie der von Zeiss in der Vergangenheit, sind aus diesem Raum verschwunden. Dieser Standortverschiebungsprozess findet sich auch in der dazugehörigen weiteren Firmengeschichte wieder. 1880 nimmt das Unternehmen Carl Zeiss zwischen der Krautgasse und dem Leutrabach ihr erstes Fabrikgebäude in der Innenstadt in Beschlag. Im Jahr 1906 beginnt Zeiss mit dem Bau von modernen Fabrikanlagen aus Eisenbeton zwischen der Carl-Zeiss-Straße und der Krautgasse. 1910 vollendet Zeiss' Firma den „Bau 10" mit Planetariumskuppel, die heutige Goethe-Galerie. Kurz vor Beginn des Ersten Weltkrieges ist Jena auch aufgrund von Zeiss' wirtschaftlichen und wissenschaftlichen Bestrebungen ein führender Standort der optischen Industrie (HELLMANN 2012).

Jena hatte durch die, auch deutschlandweit, relativ späte Industrialisierung im Laufe der Jahre weniger Anpassungsprobleme als früh industrialisierte Standorte, wie z.B. das Ruhrgebiet. Das Abwechseln der Prozesse (De)-Industrialisierung, (De)-Zentralisierung, Spezialisierung, als Teil des städtisch industriellen Strukturwandels (GAEBE 2004:177), haben auch die Saalestadt beeinflusst und neuen als auch einzelnen baulich technischen Veränderungen geführt. Jena weist heutzutage Merkmale europäischer Städte auf. So sind mit der Kirche (siehe Abb.6) und anderen historischen Bauten frühere Stadtentwicklungsphasen noch immer sichtbar. Im Zuge von Gentrifizierung, sozialer Aufwertung innerstädtischer Wohngebiete, durch Zuzug der Oberschicht (LESER 2011:287), und Sanierung wurden neue Büro- und Wohnbauten geschaffen, sowie industrielle Gewerbegebiete und wohnliche Strukturen im Umland und Randgebieten herausgebildet. Die Verkehrsfläche, aber auch der Individualverkehr im Zusammenhang mit der Parkplatzauslastung, trotz relativ hoher Parkgebühren, und die Nutzung des öffentlichen Verkehrs, haben zugenommen. Dies ist für europäische Städte im Modernisierungsprozess

Abbildung 6: Stadtkirche Sank Michael
(Quelle: Eigene Aufnahme vom 15.07.2016)

5

typisch (GAEBE 2004:178f.).

Der Strukturwandel erfasste ebenso das Zeisswerk. Arbeiteten dort Anfang des 20. Jahrhunderts noch tausende Beschäftigte im Stadtzentrum selbst, wurden es immer weniger, bis schließlich der gesamte ehemalige Industriekomplex von der Universität übernommen wurde (BURCHARDT 2015). Der heutige Ernst-Abbe-Platz, ebenfalls ehemaliges Firmengelände, dient heute als Campus und gesellschaftlicher Treff- bzw. Mittelpunkt (siehe Abb.7). Außerdem haben auch ein Hotel (siehe Abb.9), eine Einkaufspassage, Universitätsbibliotheken und Büroräume auf dem ehemaligen Firmengelände Platz gefunden und profitieren von der zentralen Lage bzw. der guten Erreichbarkeit.

Abb .7: Der Ernst-Abbe-Platz   Abb. 8: Das Steigenberger Hotel bei der Goethe Galerie
(Quelle: Eigene Aufnahmen vom 15.07.2016)   (Quelle: Eigene Aufnahmen vom 15.07.2016)

Stellvertretend steht diese Firmenstandortauflösung für den Rückgang der Arbeitsplatzdichte im Stadtzentrum europäischer Städte nach ihrem Höhenpunkt. Neuere städtische Erweiterungen in Jena erfolgten ebenfalls nach dem Prinzip der Funktionalität, wie z.B. die Entwicklung des Gewerbegebiets an der Saale oder die unaufhörlich zunehmenden Wohnblocksiedlungen in Lobeda (BURCHARDT 2015). Entweder automatisiert durch wirtschaftliche Zusammenhänge oder durch staatliche Eingriffe, mit dem Konzept der Förderung von Dichte und Mischung städtebaulicher Ziele (GAEBE 2004: 215f). Zum Teil wurden Industriehallen des alten Zeisswerks abgerissen um mehr Platz zu schaffen, industrielle Überbleibsel wurden entfernt, z.B. der Schornstein, aus-, umgebaut und neu genutzt (siehe Abb. 9 und 10).

Abb. 9: Gesamtansicht des Zeisswerks um 1920   Abb. 10: Luftbild Campus Jena 2013
(SCHILLING 1995:101)   (Geändert nach: LINDORFER 2013)

Jena ist insgesamt als Industriestandort geeignet. Das beweist nicht zuletzt der andauernde Erfolg der Firma Zeiss. Der direkte Autobahnanschluss ist eine positive infrastrukturelle Standortbedingung. Einzig ein fehlender Flughafen kann bemängelt werden. Potentielle Kooperationen mit vorhandenen Forschungseinrichtungen und gut ausgebildete Fachkräften könnten von der Universität oder Fachhochschule angeworben werden. Jena ist keine Großstadt bietet aber dennoch, durch Freizeit- und Unterhaltungsmöglichkeiten, genug Attraktivität für junge Menschen, was den weichen Standortfaktoren zu Gute kommt. Hat Jena Standortnachteile? Durch die Lage zwischen den Berghängen ergeben sich zwangsläufig Raumprobleme, denen man einzig ausweichen kann, wenn man je nach Unternehmensgröße vom Stadtzentrum weiter entfernte Gewerbegebiete nutzt. Ein allgemein langgezogener Stadtgrundriss führt zu Dezentralisierung und möglichen Versorgungs- und Verknüpfungsdefiziten. Zum Problem bei einer größeren Unternehmensansiedlung könnten das knappe Wohnungsangebot und die Nachfragekonkurrenz zwischen älterer, studierender und der letztlich steigenden arbeitenden Bevölkerung werden.

Die zentrale Lage der Fabrikhallen der Carl-Zeiss-Werke brachten sowohl Vor- als auch Nachteile für die Stadtbewohner mit sich. Einerseits nahmen sie publikumsbenötigenden Gewerben, wie Geschäften, einen hervorragenden Standort, die mit ihren Besuchern zu ungünstigeren Standorten ausweichen mussten. Andererseits hatte die zentrale Lage den Vorteil für die Arbeiter, dass lange Pendlerstrecken entfielen und für ihre Wohnmöglichkeiten gesorgt wurde (HELLMANN 2012). Gleichzeitig siedelten sich clusterzugehörige Unternehmen in anderen Zulieferer- bzw. Tätigkeitsfeldern an und sorgten für neue Arbeitsplätze. Es kam zu Unternehmenskooperationen, wie zwischen Zeiss und Schott, die unter anderem vorteilhafte Neuerungen, wie z.B. die Schaffung eines Elektrizitätswerks in Burgau, mit sich brachten. Allerdings muss durch industrielle Erweiterung auch zwangsläufig die Umweltbelastung zugenommen haben, sodass die Lebensqualität für die Stadtbewohner nicht zwangsläufig gebessert wurde. Die Verlagerung bzw. Vergrößerung der Universität durch staatliche Umstrukturierung war ebenfalls förderlich. Die Zunahme der Studenten steigerte die Kaufkraft und verbesserte die wirtschaftliche Attraktivität im Zentrum. Die Nachfrage an Wohn- und Gewerberaum hat die Mieten ansteigen lassen und zu Nachfragekonkurrenz zwischen unterschiedlichen Bevölkerungsteilen geführt, sodass bereits eine Mietpreisbremse eingeführt wurde (DPA 2016).

Literatur:

BURCHARDT, A. (2015): Geschichte der Universität Jena, abrufbar unter: <https://www.uni-jena.de/Geschichte.html>, zuletzt aufgerufen am: 16.07.2016.

DPA (2016): Mietpreisbremse in Jena und Erfurt beschlossen. – Thüringer Allgemeine, abrufbar unter: <http://www.thueringer-allgemeine.de/web/zgt/politik/detail/-/specific/Mietpreisbremse-fuer-Erfurt-und-Jena-beschlossen-1985347054>, zuletzt aufgerufen am: 17.07.2016.

FASSMANN, H. (2009): Stadtgeographie I. Allgemeine Stadtgeographie. Das Geographische Seminar, Braunschweig: Westermann.

GAEBE, W. (2004): Urbane Räume. 61 Tabellen, Stuttgart: Eugen Ulmer.

HELLMANN, B. (2012): Zeitstrahl Stadtgeschichte Jena. Industrialisierung 1846-1914, Jena: Städtische Museen Jena.

LESER, H. (2011[15]): Diercke Wörterbuch der Geographie. Raum–Wirtschaft und Gesellschaft-Umwelt, Braunschweig: Westermann.

LINDORFER, H. (2013): Ernst-Abbe-Campus und Jentower Jena, abrufbar unter: <https://www.nuernbergluftbild.de/images/luftbild/M05250458d.jpg>, zuletzt aufgerufen am: 16.07.2016.

SCHILLING, W. (1995): Jena. Vom Ackerbürgerstädtchen zur Universitäts- und Industriestadt. Ein historischer Bilderbogen, Horb am Neckar: Geiger Verlag.

BEI GRIN MACHT SICH IHR WISSEN BEZAHLT

- Wir veröffentlichen Ihre Hausarbeit, Bachelor- und Masterarbeit

- Ihr eigenes eBook und Buch - weltweit in allen wichtigen Shops

- Verdienen Sie an jedem Verkauf

Jetzt bei www.GRIN.com hochladen und kostenlos publizieren